How to play Sudoku

Sudoku is played on a grid of 9 x 9 spaces. Within the rows and columns are 9 "squares" (made up of 3 x 3 spaces). Each row, column and square (9 spaces each) needs to be filled out with the numbers 1-9, without repeating any numbers within the row, column or square.

7	5	6	3	4	8	9	1	2
1	4	3	6	2	9	7	8	5
8	9	2	7	1	5	6	3	4
9	1	8	4	5	7	3	2	6
5	3	7	2	8	6	1	4	9
2	6	4	9	3	1	5	7	8
3	7	9	8	6	4	2	5	1
4	2	1	5	9	3	8	6	7
6	8	5	1	7	2	4	9	3

Instructions

Easy Puzzle #1

	1	3		4	6			
4						6		
5	8		1					
					3			2
6		7		1		8		3
	4	8	7					
2		4				1	9	
7	9	5			1		2	6
8	6				9		4	7

Solution on Page 28

Easy Puzzle #2

		1	9		3	5		6
		6	2		5		1	
8	4				6			
6								
1				2	4	7		9
	9		3		7	1		
3	2							5
5		9	8		2	6	3	

Solution on Page 28

Easy Puzzle #3

			5	2		4		
		7	4					2
			6		7	9	5	3
			7			1		5
4		3	8			2		
9		1			2			6
				3	5		6	
3	1		9		6		8	
		5	1	8				

Solution on Page 29

Easy Puzzle #4

				1	9			2
3		5			7	9		
9	2			5	6		4	
1	9					4		
		4						
2		3	7		4	1		9
		7			2	8		
4	8		6	9	3		5	

Solution on Page 29

Easy Puzzle #5

1		5				7		8
		2		]			3	
			8		9			1
	6	8	3					5
		3	6			8		
5	2	7		1	8		4	
	3							2
	5		7		3	4	9	
6	8			4		3	1	

Solution on Page 30

Easy Puzzle #6

9	6			8			4	1
			7				3	9
2			3		1	5		
							8	
		5	1		6		7	
7	2	1			8			
		9		1	5	8		7
4						3		
1	8		6			4		

Solution on Page 30

Easy Puzzle #7

5			7					3
	2			1			5	
		1	5	4		8	2	
3								
						2	7	5
			9		4		8	
		9	8	3		4		
8		3		7			6	
	6	2	4	9			3	

Solution on Page 31

Easy Puzzle #8

1		3	4	7	5			
		5	9	6		3		
	1		2			8		3
				4		9		6
9			6				7	
		2	3					8
3		6				1		
		1	8	5	6			2

Solution on Page 31

Easy Puzzle #9

						2		
	2	5			6			
			3	5	2		4	9
	7			4				3
1				3	7			2
		3						4
8		2						5
5	3	1	8	2				7
6	4		5	9			2	

Solution on Page 32

Easy Puzzle #10

		7	3					
8				7				
3				8	2		9	
7	2	1		4		6		
5	4	8			7		2	
6				1	8		7	
	7					1		2
			5	6		7	8	4
		6				3	5	

Solution on Page 32

Easy Puzzle #11

			2	7				
					8	3		6
3	4	1		6	5			2
4			6			5		8
9	5				4		7	
		8			7			3
1		4	3	8				
5							6	7
6	2							

Solution on Page 33

Easy Puzzle #12

		9					5	4
		1	8			2	6	3
3				2	5			9
			7				1	
5	7	6			9			
		4		5				
	9		5	7			2	
		5		1	6			
1					3		9	

Solution on Page 33

Easy Puzzle #13

5						8		7
			8	5	4			3
1	9			6		5	2	
9								6
			2		6	7	3	
			4				9	8
		7	9			6		
6		2	3	1	5			9
	1				7			

Solution on Page 34

Easy Puzzle #14

		9			7	4		
2				8	5	7		
7	5	4			6	3	8	
		8						
4				2	1	6		8
3			5			2		
1					4	8		3
8		5					6	
9			8	6			1	

Solution on Page 34

Easy Puzzle #15

2			4	8	9	5	3	
		3	2			8	1	
5	8			1			2	
	9		3		5			
			8	9		4		
8							5	
4		6		3	8	2		
9	1		5	2	4			8
	2			7				

Solution on Page 35

Easy Puzzle #16

5						1	9	
9		8		7				
6	3	7						5
								9
	9		1	4	7	6	2	8
7		2						
2		9	4		1	8		3
			6		9			2
8		1			3			6

Solution on Page 35

Easy Puzzle #17

7	8					1		2
			5		1	4	9	
				4	7		3	
			8					
2	3		4				7	
	6			7		2	4	
				3				
8	1		9	6		7	2	
6	4					9		5

Solution on Page 36

Easy Puzzle #18

		9	6		2			
	4						7	
			7	5	4	8		
5		4	1		6			
	2		9				4	1
	1	3	4		5	9		2
	3		5		1			4
				9	3			
2		6	8	4				

Solution on Page 36

Easy Puzzle #19

9				7	5			
1		2		8			7	9
7							1	
								4
4	6	9	5		3			7
2						5		
3		4			6			8
6		1		4	8	7	5	
8	2				1			3

Solution on Page 37

Easy Puzzle #20

3	2					1		
8	1	7				9		
	4	9	5	1			3	
2		6		9	5			
1			2					
4	9			6		2		
			1	8			9	4
5	8		3	7				1
		1				3		

Solution on Page 37

Easy Puzzle #21

		5		6	7			
	8	3					7	
			8		4	9		5
4			5	8	9			
	9	8	1			5	4	
	5							
			7		5	6	2	
5	3	4		9	6			8
7	6			1				

Solution on Page 38

Easy Puzzle #22

	1		9			4		
		5	1					3
6	2	3					1	9
3				1				6
1		6			8			4
8		2		5	9			
2	3	1			6		4	
		7		9		2		1
9			5				7	

Solution on Page 38

Easy Puzzle #23

	3					6		2
		1	8		3			
7				2		8		3
		5		6	8	4		1
4				3	1	7	5	
		3		5			2	
	4	7						9
	5			1	9	2		4
1			7					

Solution on Page 39

Easy Puzzle #24

4	8			6		1	7	
5		9	8		7		2	
3		7				9		5
					6	3		
1			4					2
		6	5	1				
6	3				8		1	4
				2		5		8
	4						6	9

Solution on Page 39

Easy Puzzle #25

	8	2		6	1		4	5
3		4		2	8	7		1
		6				3		
		5	6				1	
	3	8						
	2	7	8	5				
	6						7	3
2	4	1		7	3			8
		3				5		4

Solution on Page 40

Easy Puzzle #26

			3	8		7	9	
6	2		1			8		
	7		4		5			1
		1						
7				9	4	1		
9		4				5		
		6	9		8		1	
				5				2
3			7			9		

Solution on Page 40

Easy Puzzle Solutions

Easy Puzzle Solution #1

9	1	3	2	4	6	7	8	5
4	7	2	5	3	8	6	1	9
5	8	6	1	9	7	2	3	4
1	5	9	8	6	3	4	7	2
6	2	7	9	1	4	8	5	3
3	4	8	7	5	2	9	6	1
2	3	4	6	7	5	1	9	8
7	9	5	4	8	1	3	2	6
8	6	1	3	2	9	5	4	7

Easy Puzzle Solution #2

3	2	5	7	8	9	6	1	4
9	6	1	5	4	3	7	8	2
7	4	8	2	6	1	9	5	3
1	5	6	3	2	7	8	4	9
2	8	7	4	9	6	5	3	1
4	3	9	8	1	5	2	7	6
8	1	4	9	5	2	3	6	7
5	7	2	6	3	4	1	9	8
6	9	3	1	7	8	4	2	5

Easy Puzzle Solution #3

1	9	6	5	2	3	4	7	8
5	3	7	4	9	8	6	1	2
2	8	4	6	1	7	9	5	3
6	2	8	7	4	9	1	3	5
4	5	3	8	6	1	2	9	7
9	7	1	3	5	2	8	4	6
8	4	9	2	3	5	7	6	1
3	1	2	9	7	6	5	8	4
7	6	5	1	8	4	3	2	9

Easy Puzzle Solution #4

7	4	8	3	1	9	5	6	2
3	6	5	4	2	7	9	1	8
9	2	1	8	5	6	3	4	7
1	9	6	2	8	5	4	7	3
8	7	4	9	3	1	6	2	5
2	5	3	7	6	4	1	8	9
5	3	7	1	4	2	8	9	6
4	8	2	6	9	3	7	5	1
6	1	9	5	7	8	2	3	4

Easy Puzzle Solution #5

1	9	5	4	3	2	7	6	8
8	7	2	5	6	1	9	3	4
3	4	6	8	7	9	2	5	1
9	6	8	3	2	4	1	7	5
4	1	3	6	5	7	8	2	9
5	2	7	9	1	8	6	4	3
7	3	4	1	9	6	5	8	2
2	5	1	7	8	3	4	9	6
6	8	9	2	4	5	3	1	7

Easy Puzzle Solution #6

9	6	3	5	8	2	7	4	1
5	1	8	7	6	4	2	3	9
2	7	4	3	9	1	5	6	8
3	9	6	2	5	7	1	8	4
8	4	5	1	3	6	9	7	2
7	2	1	9	4	8	6	5	3
6	3	9	4	1	5	8	2	7
4	5	7	8	2	9	3	1	6
1	8	2	6	7	3	4	9	5

Easy Puzzle Solution #7

5	9	8	7	6	2	1	4	3
4	2	7	3	1	8	9	5	6
6	3	1	5	4	9	8	2	7
3	8	5	1	2	7	6	9	4
9	1	4	6	8	3	2	7	5
2	7	6	9	5	4	3	8	1
7	5	9	8	3	6	4	1	2
8	4	3	2	7	1	5	6	9
1	6	2	4	9	5	7	3	8

Easy Puzzle Solution #8

1	2	3	4	7	5	6	8	9
8	7	5	9	6	2	3	4	1
4	6	9	1	8	3	5	2	7
6	1	4	2	9	7	8	5	3
2	3	7	5	4	8	9	1	6
9	5	8	6	3	1	2	7	4
5	4	2	3	1	9	7	6	8
3	8	6	7	2	4	1	9	5
7	9	1	8	5	6	4	3	2

Easy Puzzle Solution #9

3	1	9	4	7	8	2	5	6
4	2	5	9	1	6	3	7	8
7	8	6	3	5	2	1	4	9
2	7	8	1	4	9	5	6	3
1	5	4	6	3	7	9	8	2
9	6	3	2	8	5	7	1	4
8	9	2	7	6	1	4	3	5
5	3	1	8	2	4	6	9	7
6	4	7	5	9	3	8	2	1

Easy Puzzle Solution #10

2	1	7	3	5	9	8	4	6
8	5	9	4	7	6	2	1	3
3	6	4	1	8	2	5	9	7
7	2	1	9	4	5	6	3	8
5	4	8	6	3	7	9	2	1
6	9	3	2	1	8	4	7	5
4	7	5	8	9	3	1	6	2
9	3	2	5	6	1	7	8	4
1	8	6	7	2	4	3	5	9

Easy Puzzle Solution #11

8	6	5	2	7	3	4	1	9
7	9	2	1	4	8	3	5	6
3	4	1	9	6	5	7	8	2
4	3	7	6	1	2	5	9	8
9	5	6	8	3	4	2	7	1
2	1	8	5	9	7	6	4	3
1	7	4	3	8	6	9	2	5
5	8	3	4	2	9	1	6	7
6	2	9	7	5	1	8	3	4

Easy Puzzle Solution #12

7	2	9	6	3	1	8	5	4
4	5	1	8	9	7	2	6	3
3	6	8	4	2	5	1	7	9
8	3	2	7	6	4	9	1	5
5	7	6	1	8	9	3	4	2
9	1	4	3	5	2	6	8	7
6	9	3	5	7	8	4	2	1
2	4	5	9	1	6	7	3	8
1	8	7	2	4	3	5	9	6

Easy Puzzle Solution #13

5	3	4	1	2	9	8	6	7
2	7	6	8	5	4	9	1	3
1	9	8	7	6	3	5	2	4
9	2	3	5	7	8	1	4	6
8	4	1	2	9	6	7	3	5
7	6	5	4	3	1	2	9	8
3	5	7	9	4	2	6	8	1
6	8	2	3	1	5	4	7	9
4	1	9	6	8	7	3	5	2

Easy Puzzle Solution #14

6	8	9	1	3	7	4	2	5
2	3	1	4	8	5	7	9	6
7	5	4	2	9	6	3	8	1
5	2	8	6	4	9	1	3	7
4	9	7	3	2	1	6	5	8
3	1	6	5	7	8	2	4	9
1	6	2	9	5	4	8	7	3
8	4	5	7	1	3	9	6	2
9	7	3	8	6	2	5	1	4

Easy Puzzle Solution #15

2	7	1	4	8	9	5	3	6
6	4	3	2	5	7	8	1	9
5	8	9	6	1	3	7	2	4
7	9	2	3	4	5	6	8	1
1	6	5	8	9	2	4	7	3
8	3	4	7	6	1	9	5	2
4	5	6	1	3	8	2	9	7
9	1	7	5	2	4	3	6	8
3	2	8	9	7	6	1	4	5

Easy Puzzle Solution #16

5	2	4	3	6	8	1	9	7
9	1	8	2	7	5	3	6	4
6	3	7	9	1	4	2	8	5
1	4	6	8	3	2	7	5	9
3	9	5	1	4	7	6	2	8
7	8	2	5	9	6	4	3	1
2	6	9	4	5	1	8	7	3
4	7	3	6	8	9	5	1	2
8	5	1	7	2	3	9	4	6

Easy Puzzle Solution #17

7	8	4	6	9	3	1	5	2
3	2	6	5	8	1	4	9	7
1	5	9	2	4	7	8	3	6
4	9	7	8	5	2	3	6	1
2	3	8	4	1	6	5	7	9
5	6	1	3	7	9	2	4	8
9	7	2	1	3	5	6	8	4
8	1	5	9	6	4	7	2	3
6	4	3	7	2	8	9	1	5

Easy Puzzle Solution #18

7	8	9	6	1	2	4	3	5
1	4	5	3	8	9	2	7	6
3	6	2	7	5	4	8	1	9
5	9	4	1	2	6	3	8	7
6	2	7	9	3	8	5	4	1
8	1	3	4	7	5	9	6	2
9	3	8	5	6	1	7	2	4
4	7	1	2	9	3	6	5	8
2	5	6	8	4	7	1	9	3

Easy Puzzle Solution #19

9	3	8	1	7	5	4	2	6
1	5	2	6	8	4	3	7	9
7	4	6	9	3	2	8	1	5
5	1	3	8	2	7	9	6	4
4	6	9	5	1	3	2	8	7
2	8	7	4	6	9	5	3	1
3	7	4	2	5	6	1	9	8
6	9	1	3	4	8	7	5	2
8	2	5	7	9	1	6	4	3

Easy Puzzle Solution #20

3	2	5	9	4	8	1	7	6
8	1	7	6	2	3	9	4	5
6	4	9	5	1	7	8	3	2
2	7	6	8	9	5	4	1	3
1	5	8	2	3	4	7	6	9
4	9	3	7	6	1	2	5	8
7	3	2	1	8	6	5	9	4
5	8	4	3	7	9	6	2	1
9	6	1	4	5	2	3	8	7

Easy Puzzle Solution #21

9	4	5	3	6	7	2	8	1
2	8	3	9	5	1	4	7	6
1	7	6	8	2	4	9	3	5
4	2	7	5	8	9	1	6	3
6	9	8	1	7	3	5	4	2
3	5	1	6	4	2	8	9	7
8	1	9	7	3	5	6	2	4
5	3	4	2	9	6	7	1	8
7	6	2	4	1	8	3	5	9

Easy Puzzle Solution #22

7	1	8	9	6	3	4	5	2
4	9	5	1	7	2	6	8	3
6	2	3	8	4	5	7	1	9
3	5	9	4	1	7	8	2	6
1	7	6	2	3	8	5	9	4
8	4	2	6	5	9	1	3	7
2	3	1	7	8	6	9	4	5
5	8	7	3	9	4	2	6	1
9	6	4	5	2	1	3	7	8

Easy Puzzle Solution #23

5	3	8	1	7	4	6	9	2
2	6	1	8	9	3	5	4	7
7	9	4	6	2	5	8	1	3
9	7	5	2	6	8	4	3	1
4	8	2	9	3	1	7	5	6
6	1	3	4	5	7	9	2	8
3	4	7	5	8	2	1	6	9
8	5	6	3	1	9	2	7	4
1	2	9	7	4	6	3	8	5

Easy Puzzle Solution #24

4	8	2	9	6	5	1	7	3
5	1	9	8	3	7	4	2	6
3	6	7	1	4	2	9	8	5
8	5	4	2	7	6	3	9	1
1	7	3	4	8	9	6	5	2
9	2	6	5	1	3	8	4	7
6	3	5	7	9	8	2	1	4
7	9	1	6	2	4	5	3	8
2	4	8	3	5	1	7	6	9

Easy Puzzle Solution #25

7	8	2	3	6	1	9	4	5
3	5	4	9	2	8	7	6	1
9	1	6	7	4	5	3	8	2
4	9	5	6	3	2	8	1	7
6	3	8	4	1	7	2	5	9
1	2	7	8	5	9	4	3	6
5	6	9	2	8	4	1	7	3
2	4	1	5	7	3	6	9	8
8	7	3	1	9	6	5	2	4

Easy Puzzle Solution #26

4	1	5	3	8	2	7	9	6
6	2	3	1	7	9	8	5	4
8	7	9	4	6	5	2	3	1
2	5	1	8	3	7	6	4	9
7	6	8	5	9	4	1	2	3
9	3	4	2	1	6	5	7	8
5	4	6	9	2	8	3	1	7
1	9	7	6	5	3	4	8	2
3	8	2	7	4	1	9	6	5

Normal Puzzle #1

	7		4	9			6	
5						3		4
	4		3				7	
2	8			3		7	4	6
9	5	7	6		4	2		
6	3	4	2		1	5	8	
	2	5					1	
4	9			1	2			
					3	9	2	

Solution on Page 68

Normal Puzzle #2

5				7			2	
7		2				4		3
		8						5
	8							
					5		9	6
	1			3	7		4	
				4			6	9
1	4	6		5				7
8	7			2	6		5	4

Solution on Page 68

Normal Puzzle #3

9		8				3	4	
	3	4	6				5	
		1	3					
		6						
4			7					9
2	7	9		3	1			5
	6			1		5		
		3	9		7			1
			5		8		7	

Solution on Page 69

Normal Puzzle #4

5				2				
		7	6			2		4
	2	6	4		7	1		
	3		7	8		9		
8		2						3
				1			7	
	6			7	1		4	
				4		8		2
		3	8	6				

Solution on Page 69

Normal Puzzle #5

						9		6
1	2						5	
7		9					8	
3	1				8	6		7
				7	5			
2					3		4	
5	6		8				9	4
9	7	2	1	5				8
				9				

Solution on Page 70

Normal Puzzle #6

	8	4	2			7		
	6		4	8		9	1	
					5		8	2
	4	6		1	9		2	
7							6	
9	2	5			3			
	7		9					
	5				6			3
		8				2		

Solution on Page 70

Normal Puzzle #7

			4		1		5	7
						1		
6	9				7		4	
8	5				9			4
7			5	4	3			
					8		1	
	6			3		4		2
3	4			7		5		
1				8			9	

Solution on Page 71

Normal Puzzle #8

3	4						2	
	7	6				4	1	
		1	7	9				
	3			4			7	
		5			9	2		
			3	1	2		6	
	5		1		7		4	8
2				3	6	1		
					8			2

Solution on Page 71

Normal Puzzle #9

1	8			2			9	
4					8	7	2	3
				4			1	5
				8		2		9
6			3					7
		9						1
					4			2
2		4				1		
	9	7				5		8

Solution on Page 72

Normal Puzzle #10

	5	7		3	6		8	
			7					
			4	5				
		9			1	3		
8	2					6	4	
	6		5			8		9
	3	1				4		5
	7				5		6	3
		4	3					

Solution on Page 72

Normal Puzzle #11

		4	1					5
1		5			6	7		
	3	6	5		2	1	4	9
		9		5		2		3
5			3		9			
	6		2					
3					4		5	
	5				7			6
		2				3		

Solution on Page 73

Normal Puzzle #12

		4	1	2	6			
	2					4		9
	3				9	7	1	
	7					2	5	
			8					7
5				9			8	
			6		2			8
6		2			8	1		
		9	5			3		

Solution on Page 73

Normal Puzzle #13

1					5		7	
		4			1			
		5	7			4	8	
	5	3					1	4
			5		8		3	
		2		1			9	5
	2			7				
		9	4		2	1		3
		1					6	

Solution on Page 74

Normal Puzzle #14

		8	9					
9				5	4		2	
4	5	3	2			6		7
	1	9					7	
			6	2				9
	4							5
5		1			2	9		
			1	6				
		6		9	3	4		

Solution on Page 74

Normal Puzzle #15

				3		1	8	
	4					7		2
9		1			7			
2		5		9		3		8
4			8		3	2		
		8			6		5	9
8	9					5		1
	2						6	4

Solution on Page 75

Normal Puzzle #16

	2			5	1	4	8	
	1	4	3			2		
7						6		
1	6					3	4	8
	4	5	6					
		8			7			5
5	8						7	3
					9			
			1					

Solution on Page 75

Normal Puzzle #17

		8		9				
9	1							
	3	7				1		
	7	6		4		2		3
4				1	2	7	8	
				5	7		4	
			9		6			
				7	4			2
1	8			3			6	7

Solution on Page 76

Normal Puzzle #18

	2	8	6				7	
	9					4	1	
5	1	3					8	
		9						8
3				9		6		
		4		7	1			
	4		7		6			
2	8		1					
6				8			5	

Solution on Page 76

Normal Puzzle #19

7	9		5		3		1	
			2					
				7	8			5
		5		3	6	4		2
	6		7	5		9		
	8				2	5	3	
3	5				9	6		
			6		7	3		9
6								

Solution on Page 77

Normal Puzzle #20

		7	5	4	8			
			7	6	2	4	8	
8					3			
		1		2				
9				5	6			1
			4				2	5
7		6	2	8	9			
5					4			2
		3						7

Solution on Page 77

Normal Puzzle #21

			2	3	8			
				5			7	9
				7				
6	1					9	8	
4	9		5	8			3	1
8	3		7	9				6
9				1		3		2
	6	8				4		
			4			5		

Solution on Page 78

Normal Puzzle #22

	3			8	6		9	
		9				8		3
1			3					
3	4		5					
		5	6		3		7	
								2
	2				5			
		6	8	9	4	2		
		4	2	3				8

Solution on Page 78

Normal Puzzle #23

		2				3	9	7
4	9		7		3		2	
	8				2		1	
8	1			6				
			3				6	9
6			2	8	9		7	
		7	4	3		1		
3	4	6		7			8	
1				2				4

Solution on Page 79

Normal Puzzle #24

	5			4			2	
			2				1	
				3	1		7	
1	6			5				
				7		9		
			3		4			
9	3		5	2		6		
4					7	3		
8			4				9	5

Solution on Page 79

Normal Puzzle #25

		1	8	7	6	5	2	
				2		7		
	2	6		9	5	4	1	
	5	4		6	7		3	9
	9	3	1		8	6	7	4
		7	9		3	2	5	
3		2	5		4	9		
		9			2	1		5
	7	5	6					

Solution on Page 80

Normal Puzzle #26

					9			3
6	3	2					9	
9		4						
3	6		4					2
2		5	9		1		3	
8		9	7		3	1		
			8		2			4
5		7		4		2		9
	2							7

Solution on Page 80

Normal Puzzle Solutions

Normal Puzzle Solution #1

3	7	2	4	9	8	1	6	5
5	6	8	1	2	7	3	9	4
1	4	9	3	5	6	8	7	2
2	8	1	9	3	5	7	4	6
9	5	7	6	8	4	2	3	1
6	3	4	2	7	1	5	8	9
8	2	5	7	6	9	4	1	3
4	9	3	8	1	2	6	5	7
7	1	6	5	4	3	9	2	8

Normal Puzzle Solution #2

5	9	1	3	7	4	6	2	8
7	6	2	5	8	9	4	1	3
4	3	8	2	6	1	9	7	5
6	8	7	4	9	2	5	3	1
3	2	4	8	1	5	7	9	6
9	1	5	6	3	7	8	4	2
2	5	3	7	4	8	1	6	9
1	4	6	9	5	3	2	8	7
8	7	9	1	2	6	3	5	4

Normal Puzzle Solution #3

9	2	8	1	7	5	3	4	6
7	3	4	6	9	2	1	5	8
6	5	1	3	8	4	9	2	7
3	8	6	4	5	9	7	1	2
4	1	5	7	2	6	8	3	9
2	7	9	8	3	1	4	6	5
8	6	7	2	1	3	5	9	4
5	4	3	9	6	7	2	8	1
1	9	2	5	4	8	6	7	3

Normal Puzzle Solution #4

5	8	4	1	2	9	6	3	7
9	1	7	6	3	8	2	5	4
3	2	6	4	5	7	1	8	9
1	3	5	7	8	4	9	2	6
8	7	2	5	9	6	4	1	3
6	4	9	2	1	3	5	7	8
2	6	8	9	7	1	3	4	5
7	9	1	3	4	5	8	6	2
4	5	3	8	6	2	7	9	1

Normal Puzzle Solution #5

4	5	8	7	3	2	9	1	6
1	2	6	4	8	9	7	5	3
7	3	9	5	6	1	4	8	2
3	1	5	9	4	8	6	2	7
6	9	4	2	7	5	8	3	1
2	8	7	6	1	3	5	4	9
5	6	3	8	2	7	1	9	4
9	7	2	1	5	4	3	6	8
8	4	1	3	9	6	2	7	5

Normal Puzzle Solution #6

5	8	4	2	9	1	7	3	6
3	6	2	4	8	7	9	1	5
1	9	7	3	6	5	4	8	2
8	4	6	5	1	9	3	2	7
7	1	3	8	4	2	5	6	9
9	2	5	6	7	3	1	4	8
2	7	1	9	3	8	6	5	4
4	5	9	1	2	6	8	7	3
6	3	8	7	5	4	2	9	1

Normal Puzzle Solution #7

2	8	3	4	9	1	6	5	7
5	7	4	8	2	6	1	3	9
6	9	1	3	5	7	2	4	8
8	5	6	2	1	9	3	7	4
7	1	9	5	4	3	8	2	6
4	3	2	7	6	8	9	1	5
9	6	7	1	3	5	4	8	2
3	4	8	9	7	2	5	6	1
1	2	5	6	8	4	7	9	3

Normal Puzzle Solution #8

3	4	9	5	6	1	8	2	7
5	7	6	2	8	3	4	1	9
8	2	1	7	9	4	3	5	6
6	3	2	8	4	5	9	7	1
4	1	5	6	7	9	2	8	3
7	9	8	3	1	2	5	6	4
9	5	3	1	2	7	6	4	8
2	8	7	4	3	6	1	9	5
1	6	4	9	5	8	7	3	2

Normal Puzzle Solution #9

1	8	3	5	2	7	6	9	4
4	6	5	9	1	8	7	2	3
9	7	2	6	4	3	8	1	5
7	3	1	4	8	5	2	6	9
6	2	8	3	9	1	4	5	7
5	4	9	2	7	6	3	8	1
8	1	6	7	5	4	9	3	2
2	5	4	8	3	9	1	7	6
3	9	7	1	6	2	5	4	8

Normal Puzzle Solution #10

9	5	7	2	3	6	1	8	4
4	8	2	7	1	9	5	3	6
3	1	6	4	5	8	2	9	7
7	4	9	6	8	1	3	5	2
8	2	5	9	7	3	6	4	1
1	6	3	5	2	4	8	7	9
6	3	1	8	9	7	4	2	5
2	7	8	1	4	5	9	6	3
5	9	4	3	6	2	7	1	8

Normal Puzzle Solution #11

2	9	4	1	7	3	6	8	5
1	8	5	4	9	6	7	3	2
7	3	6	5	8	2	1	4	9
4	1	9	7	5	8	2	6	3
5	2	7	3	6	9	8	1	4
8	6	3	2	4	1	5	9	7
3	7	8	6	2	4	9	5	1
9	5	1	8	3	7	4	2	6
6	4	2	9	1	5	3	7	8

Normal Puzzle Solution #12

7	9	4	1	2	6	8	3	5
1	2	5	7	8	3	4	6	9
8	3	6	4	5	9	7	1	2
9	7	8	3	6	4	2	5	1
2	6	3	8	1	5	9	4	7
5	4	1	2	9	7	6	8	3
3	1	7	6	4	2	5	9	8
6	5	2	9	3	8	1	7	4
4	8	9	5	7	1	3	2	6

Normal Puzzle Solution #13

1	6	8	2	4	5	3	7	9
7	3	4	9	8	1	5	2	6
2	9	5	7	3	6	4	8	1
9	5	3	6	2	7	8	1	4
4	1	7	5	9	8	6	3	2
6	8	2	3	1	4	7	9	5
5	2	6	1	7	3	9	4	8
8	7	9	4	6	2	1	5	3
3	4	1	8	5	9	2	6	7

Normal Puzzle Solution #14

1	2	8	9	7	6	5	3	4
9	6	7	3	5	4	8	2	1
4	5	3	2	8	1	6	9	7
6	1	9	4	3	5	2	7	8
3	8	5	6	2	7	1	4	9
7	4	2	8	1	9	3	6	5
5	3	1	7	4	2	9	8	6
2	9	4	1	6	8	7	5	3
8	7	6	5	9	3	4	1	2

Normal Puzzle Solution #15

6	7	2	4	3	9	1	8	5
5	4	3	1	6	8	7	9	2
9	8	1	5	2	7	6	4	3
2	6	5	7	9	4	3	1	8
4	1	9	8	5	3	2	7	6
7	3	8	2	1	6	4	5	9
8	9	4	6	7	2	5	3	1
3	5	6	9	4	1	8	2	7
1	2	7	3	8	5	9	6	4

Normal Puzzle Solution #16

6	2	3	7	5	1	4	8	9
8	1	4	3	9	6	2	5	7
7	5	9	8	4	2	6	3	1
1	6	7	9	2	5	3	4	8
3	4	5	6	1	8	7	9	2
2	9	8	4	3	7	1	6	5
5	8	1	2	6	4	9	7	3
4	3	2	5	7	9	8	1	6
9	7	6	1	8	3	5	2	4

Normal Puzzle Solution #17

6	5	8	7	9	1	3	2	4
9	1	4	5	2	3	6	7	8
2	3	7	4	6	8	1	5	9
5	7	6	8	4	9	2	1	3
4	9	3	6	1	2	7	8	5
8	2	1	3	5	7	9	4	6
7	4	2	9	8	6	5	3	1
3	6	5	1	7	4	8	9	2
1	8	9	2	3	5	4	6	7

Normal Puzzle Solution #18

4	2	8	6	1	5	3	7	9
7	9	6	8	2	3	4	1	5
5	1	3	9	4	7	2	8	6
1	5	9	4	6	2	7	3	8
3	7	2	5	9	8	6	4	1
8	6	4	3	7	1	5	9	2
9	4	1	7	5	6	8	2	3
2	8	5	1	3	4	9	6	7
6	3	7	2	8	9	1	5	4

Normal Puzzle Solution #19

7	9	2	5	6	3	8	1	4
5	4	8	2	9	1	7	6	3
1	3	6	4	7	8	2	9	5
9	1	5	8	3	6	4	7	2
2	6	3	7	5	4	9	8	1
4	8	7	9	1	2	5	3	6
3	5	4	1	8	9	6	2	7
8	2	1	6	4	7	3	5	9
6	7	9	3	2	5	1	4	8

Normal Puzzle Solution #20

3	6	7	5	4	8	2	1	9
1	9	5	7	6	2	4	8	3
8	2	4	1	9	3	5	7	6
4	5	1	9	2	7	6	3	8
9	3	2	8	5	6	7	4	1
6	7	8	4	3	1	9	2	5
7	1	6	2	8	9	3	5	4
5	8	9	3	7	4	1	6	2
2	4	3	6	1	5	8	9	7

Normal Puzzle Solution #21

1	7	9	2	3	8	6	5	4
2	8	3	6	5	4	1	7	9
5	4	6	1	7	9	8	2	3
6	1	7	3	4	2	9	8	5
4	9	2	5	8	6	7	3	1
8	3	5	7	9	1	2	4	6
9	5	4	8	1	7	3	6	2
3	6	8	9	2	5	4	1	7
7	2	1	4	6	3	5	9	8

Normal Puzzle Solution #22

2	3	7	4	8	6	5	9	1
4	5	9	7	1	2	8	6	3
1	6	8	3	5	9	4	2	7
3	4	2	5	7	1	9	8	6
9	8	5	6	2	3	1	7	4
6	7	1	9	4	8	3	5	2
8	2	3	1	6	5	7	4	9
7	1	6	8	9	4	2	3	5
5	9	4	2	3	7	6	1	8

Normal Puzzle Solution #23

5	6	2	8	1	4	3	9	7
4	9	1	7	5	3	6	2	8
7	8	3	6	9	2	4	1	5
8	1	9	5	6	7	2	4	3
2	7	5	3	4	1	8	6	9
6	3	4	2	8	9	5	7	1
9	2	7	4	3	8	1	5	6
3	4	6	1	7	5	9	8	2
1	5	8	9	2	6	7	3	4

Normal Puzzle Solution #24

3	5	1	7	4	6	8	2	9
6	7	9	2	8	5	4	1	3
2	4	8	9	3	1	5	7	6
1	6	4	8	5	9	2	3	7
5	8	3	1	7	2	9	6	4
7	9	2	3	6	4	1	5	8
9	3	7	5	2	8	6	4	1
4	1	5	6	9	7	3	8	2
8	2	6	4	1	3	7	9	5

Normal Puzzle Solution #25

9	4	1	8	7	6	5	2	3
5	3	8	4	2	1	7	9	6
7	2	6	3	9	5	4	1	8
1	5	4	2	6	7	8	3	9
2	9	3	1	5	8	6	7	4
8	6	7	9	4	3	2	5	1
3	1	2	5	8	4	9	6	7
6	8	9	7	3	2	1	4	5
4	7	5	6	1	9	3	8	2

Normal Puzzle Solution #26

7	5	8	2	1	9	6	4	3
6	3	2	5	8	4	7	9	1
9	1	4	6	3	7	8	2	5
3	6	1	4	5	8	9	7	2
2	7	5	9	6	1	4	3	8
8	4	9	7	2	3	1	5	6
1	9	3	8	7	2	5	6	4
5	8	7	3	4	6	2	1	9
4	2	6	1	9	5	3	8	7

Medium Puzzle #1

				9	6			
8		7						
		1	2			3		
9						4	7	
5		2			3			9
		4		8		6		
7				3	9	2		
		5	7					
				6	5	8		

Solution on Page 108

Medium Puzzle #2

7		6		1		9		
4	3					2	1	
		5						8
	1		6	8			5	
	4	3	5	9				
	9						7	
				5				
			1		8	4	9	
	7		9			5	2	

Solution on Page 108

Medium Puzzle #3

5	4	3						1
	6					7	4	
		2		1	5			
1		9	8				6	
	8		1					
	3	5				1		
			9				5	
	2			8				6
9				7	3			

Solution on Page 109

Medium Puzzle #4

	6			8		5	4	
		1					7	8
	8							6
1		8	5		3		2	4
2							9	1
4	3	9						5
			8	6				
		7	4					2
	9	4			1			

Solution on Page 109

Medium Puzzle #5

		5	6	1			4	
2	6	3		9				
1				3	7			
				2		4	5	
		2						8
4			8	6		7		
7								
			1			8		2
8		1	3		6		7	

Solution on Page 110

Medium Puzzle #6

	8		9	4		5	6	2
			1		6			
3		6						9
			3		2	4	5	8
6	5	3	8	9			1	7
2	4					3		6
	6		4	1		7	3	
4	3			8	5		2	1
	1	5				6	8	4

Solution on Page 110

Medium Puzzle #7

	2		5	3				
5	3						8	2
9		4						6
		3		9				
1	9				3			
2	6	5	8		1			3
	4			1		8	7	
		2	7			9		
	1	7				2	6	

Solution on Page 111

Medium Puzzle #8

		2	5		3			1
	6			4				
		5					9	
		1	6	3	7			8
								4
		3					1	5
	1	8			4		3	7
3		4			9			
7	5							

Solution on Page 111

Medium Puzzle #9

	6	4		9				
	5			3			8	9
				5	2	4		
	3	1		4	5	8		2
				1		7		
	7						3	
		3	4	2				
8								
		5		8	6	2		3

Solution on Page 112

Medium Puzzle #10

			9	6		3	1	
			2					
3		1			4			6
		4	6	8		5		
			7	3	5	8		
	1		4					
6		7				4		3
	9	3		4				
	5				6			

Solution on Page 112

Medium Puzzle #11

	9	1	6			4		
4	7		1		9			
3	6				2	7		
					8	9		
	2	7					6	4
	8							2
6		2	7		5			
		9			6	1		7
							8	

Solution on Page 113

Medium Puzzle #12

6	2			5				
8		9		3			7	
2			5					
		1	7					
	9	3		6		4		8
	8	6					3	
	5		3		8	7	9	
			4					

Solution on Page 113

Medium Puzzle #13

	5	9				6		2
1						4	5	8
			4		5	3	9	7
7					2	1		
		5	1		3	7		
	1					5		
3		4	9	5	1			
5	2			3		9	4	
		1		7	4		3	

Solution on Page 114

Medium Puzzle #14

8						1		6
					7			3
1		5		2				
					3		8	
			9			5		
	4							
					4		6	1
9	7			6	2	8	3	
3		6	5			9		2

Solution on Page 114

Medium Puzzle #15

					7		1	9
				5			2	
9	5		1			7		
				3				
	1		7		9	3	8	
3		8				6		
	7			9	5			
				8	1	2	6	
6	3							

Solution on Page 115

Medium Puzzle #16

2			7					3
	7		4	2	3			8
		3						
					5	9		
	6		1				8	4
8		5		4		1		6
		1						
7				3				
6	3		5				4	2

Solution on Page 115

Medium Puzzle #17

9	2	4					6	
	1		7					5
		5	6		2			
			1	9		5		
3	8							6
			3					1
2				3		8		
1				5				
4				2		3		

Solution on Page 116

Medium Puzzle #18

				4				5
					1		4	
		1	2		5		6	
7	4	6				2		
2								
			9		4	7	5	
				1		5		9
3	1			8	9			
8		2					3	1

Solution on Page 116

Medium Puzzle #19

3		8					1	9
6		4						
	7				3	4	5	
1			4				7	3
4						6		
		7	2		8		4	
		6		9				
	1			2				
		3		1		8		2

Solution on Page 117

Medium Puzzle #20

	5		8				3	7
		1			6	4		
					7	6		5
9			1		3		6	
1				4				
2	8							
		8	7	1	2	5	4	
			3			7		
			5					8

Solution on Page 117

Medium Puzzle #21

		6			2	8		
		1	9				6	3
	8		3			2		
		8			7			
7			8	9				
			5			1		
9							8	
	6	4	2			5		
2		7		5				9

Solution on Page 118

Medium Puzzle #22

	9	8					4	
				3				
		2	5			9		
6		9		2		5		
	2	1	7			8		
				1	5			7
8	3		1	6		7		
					8			2
	6		9					

Solution on Page 118

Medium Puzzle #23

	5	9	6	2	8	4		1
		8	1			3		6
						9		
5	6			7				
	8	3		6	2			
				3			5	2
9							1	
			3				6	
					9	2		

Solution on Page 119

Medium Puzzle #24

	9		5			1	4	8
						6	2	
6				7		3	9	
9					3	4		
	8					5		6
4			7				1	
	6	2						1
					5			
	7		9				8	

Solution on Page 119

Medium Puzzle #25

								1
		4	2		5			
	5				9	4	3	
		3				1	8	9
8	1			9			7	
7	2			6	1			
	3			4	2	8		7
4	8	1		3			2	
2			1			6		3

Solution on Page 120

Medium Puzzle #26

				2			8	
	7				6	3		
	5	2					4	
6		5			2	4		7
	8	3	5				9	
		1	4					
			7	3	9			
9								6
					5			

Solution on Page 120

Medium Puzzle Solutions

Medium Puzzle Solution #1

4	2	3	5	9	6	7	1	8
8	9	7	3	1	4	5	6	2
6	5	1	2	7	8	3	9	4
9	6	8	1	5	2	4	7	3
5	7	2	6	4	3	1	8	9
1	3	4	9	8	7	6	2	5
7	4	6	8	3	9	2	5	1
3	8	5	7	2	1	9	4	6
2	1	9	4	6	5	8	3	7

Medium Puzzle Solution #2

7	8	6	2	1	5	9	4	3
4	3	9	8	7	6	2	1	5
1	2	5	4	3	9	7	6	8
2	1	7	6	8	4	3	5	9
6	4	3	5	9	7	1	8	2
5	9	8	3	2	1	6	7	4
9	6	4	7	5	2	8	3	1
3	5	2	1	6	8	4	9	7
8	7	1	9	4	3	5	2	6

Medium Puzzle Solution #3

5	4	3	7	6	8	9	2	1
8	6	1	3	2	9	7	4	5
7	9	2	4	1	5	6	3	8
1	7	9	8	5	4	2	6	3
2	8	4	1	3	6	5	7	9
6	3	5	2	9	7	1	8	4
3	1	6	9	4	2	8	5	7
4	2	7	5	8	1	3	9	6
9	5	8	6	7	3	4	1	2

Medium Puzzle Solution #4

3	6	2	1	8	7	5	4	9
9	4	1	3	5	6	2	7	8
7	8	5	9	2	4	1	3	6
1	7	8	5	9	3	6	2	4
2	5	6	7	4	8	3	9	1
4	3	9	6	1	2	7	8	5
5	2	3	8	6	9	4	1	7
8	1	7	4	3	5	9	6	2
6	9	4	2	7	1	8	5	3

Medium Puzzle Solution #5

9	7	5	6	1	8	2	4	3
2	6	3	4	9	5	1	8	7
1	4	8	2	3	7	6	9	5
3	8	7	9	2	1	4	5	6
6	1	2	7	5	4	9	3	8
4	5	9	8	6	3	7	2	1
7	9	6	5	8	2	3	1	4
5	3	4	1	7	9	8	6	2
8	2	1	3	4	6	5	7	9

Medium Puzzle Solution #6

7	8	1	9	4	3	5	6	2
5	9	4	1	2	6	8	7	3
3	2	6	5	7	8	1	4	9
1	7	9	3	6	2	4	5	8
6	5	3	8	9	4	2	1	7
2	4	8	7	5	1	3	9	6
8	6	2	4	1	9	7	3	5
4	3	7	6	8	5	9	2	1
9	1	5	2	3	7	6	8	4

Medium Puzzle Solution #7

7	2	6	5	3	8	1	4	9
5	3	1	6	4	9	7	8	2
9	8	4	1	2	7	3	5	6
4	7	3	2	9	6	5	1	8
1	9	8	4	5	3	6	2	7
2	6	5	8	7	1	4	9	3
6	4	9	3	1	2	8	7	5
8	5	2	7	6	4	9	3	1
3	1	7	9	8	5	2	6	4

Medium Puzzle Solution #8

8	9	2	5	7	3	4	6	1
1	6	7	9	4	2	8	5	3
4	3	5	8	1	6	7	9	2
5	4	1	6	3	7	9	2	8
6	8	9	1	2	5	3	7	4
2	7	3	4	9	8	6	1	5
9	1	8	2	6	4	5	3	7
3	2	4	7	5	9	1	8	6
7	5	6	3	8	1	2	4	9

Medium Puzzle Solution #9

1	6	4	8	9	7	3	2	5
2	5	7	1	3	4	6	8	9
3	8	9	6	5	2	4	1	7
6	3	1	7	4	5	8	9	2
9	4	2	3	1	8	7	5	6
5	7	8	2	6	9	1	3	4
7	9	3	4	2	1	5	6	8
8	2	6	5	7	3	9	4	1
4	1	5	9	8	6	2	7	3

Medium Puzzle Solution #10

5	7	2	9	6	8	3	1	4
9	4	6	2	1	3	7	5	8
3	8	1	5	7	4	9	2	6
7	3	4	6	8	1	5	9	2
2	6	9	7	3	5	8	4	1
8	1	5	4	9	2	6	3	7
6	2	7	1	5	9	4	8	3
1	9	3	8	4	7	2	6	5
4	5	8	3	2	6	1	7	9

Medium Puzzle Solution #11

2	9	1	6	5	7	4	3	8
4	7	8	1	3	9	6	2	5
3	6	5	8	4	2	7	9	1
5	4	6	2	7	8	9	1	3
9	2	7	5	1	3	8	6	4
1	8	3	9	6	4	5	7	2
6	1	2	7	8	5	3	4	9
8	3	9	4	2	6	1	5	7
7	5	4	3	9	1	2	8	6

Medium Puzzle Solution #12

6	2	4	9	5	7	3	8	1
8	1	9	6	3	4	5	7	2
3	7	5	8	2	1	6	4	9
2	6	8	5	4	3	9	1	7
5	4	1	7	8	9	2	6	3
7	9	3	1	6	2	4	5	8
9	8	6	2	7	5	1	3	4
4	5	2	3	1	8	7	9	6
1	3	7	4	9	6	8	2	5

Medium Puzzle Solution #13

4	5	9	3	8	7	6	1	2
1	7	3	6	2	9	4	5	8
2	6	8	4	1	5	3	9	7
7	3	6	5	9	2	1	8	4
8	4	5	1	6	3	7	2	9
9	1	2	7	4	8	5	6	3
3	8	4	9	5	1	2	7	6
5	2	7	8	3	6	9	4	1
6	9	1	2	7	4	8	3	5

Medium Puzzle Solution #14

8	2	7	4	3	5	1	9	6
4	6	9	8	1	7	2	5	3
1	3	5	6	2	9	4	7	8
7	9	1	2	5	3	6	8	4
6	8	3	9	4	1	5	2	7
5	4	2	7	8	6	3	1	9
2	5	8	3	9	4	7	6	1
9	7	4	1	6	2	8	3	5
3	1	6	5	7	8	9	4	2

Medium Puzzle Solution #15

2	6	3	8	4	7	5	1	9
1	8	7	9	5	3	4	2	6
9	5	4	1	2	6	7	3	8
7	2	6	4	3	8	9	5	1
4	1	5	7	6	9	3	8	2
3	9	8	5	1	2	6	7	4
8	7	2	6	9	5	1	4	3
5	4	9	3	8	1	2	6	7
6	3	1	2	7	4	8	9	5

Medium Puzzle Solution #16

2	8	6	7	5	1	4	9	3
1	7	9	4	2	3	6	5	8
5	4	3	9	6	8	2	7	1
4	1	2	6	8	5	9	3	7
3	6	7	1	9	2	5	8	4
8	9	5	3	4	7	1	2	6
9	2	1	8	7	4	3	6	5
7	5	4	2	3	6	8	1	9
6	3	8	5	1	9	7	4	2

Medium Puzzle Solution #17

9	2	4	5	1	3	7	6	8
6	1	3	7	8	9	4	2	5
8	7	5	6	4	2	1	3	9
7	6	2	1	9	4	5	8	3
3	8	1	2	7	5	9	4	6
5	4	9	3	6	8	2	7	1
2	5	7	9	3	6	8	1	4
1	3	8	4	5	7	6	9	2
4	9	6	8	2	1	3	5	7

Medium Puzzle Solution #18

9	2	8	6	4	3	1	7	5
5	6	7	8	9	1	3	4	2
4	3	1	2	7	5	9	6	8
7	4	6	1	5	8	2	9	3
2	5	9	7	3	6	8	1	4
1	8	3	9	2	4	7	5	6
6	7	4	3	1	2	5	8	9
3	1	5	4	8	9	6	2	7
8	9	2	5	6	7	4	3	1

Medium Puzzle Solution #19

3	5	8	6	4	7	2	1	9
6	9	4	1	5	2	3	8	7
2	7	1	9	8	3	4	5	6
1	8	2	4	6	9	5	7	3
4	3	9	5	7	1	6	2	8
5	6	7	2	3	8	9	4	1
7	2	6	8	9	4	1	3	5
8	1	5	3	2	6	7	9	4
9	4	3	7	1	5	8	6	2

Medium Puzzle Solution #20

4	5	6	8	2	1	9	3	7
7	3	1	9	5	6	4	8	2
8	2	9	4	3	7	6	1	5
9	7	5	1	8	3	2	6	4
1	6	3	2	4	5	8	7	9
2	8	4	6	7	9	1	5	3
3	9	8	7	1	2	5	4	6
5	4	2	3	6	8	7	9	1
6	1	7	5	9	4	3	2	8

Medium Puzzle Solution #21

	7	6	1	4	2	8	9	5
4	2	1	9	8	5	7	6	3
5	8	9	3	7	6	2	4	1
1	5	8	6	3	7	9	2	4
7	4	2	8	9	1	3	5	6
6	9	3	5	2	4	1	7	8
9	1	5	7	6	3	4	8	2
8	6	4	2	1	9	5	3	7
2	3	7	4	5	8	6	1	9

Medium Puzzle Solution #22

3	9	8	2	7	1	6	4	5
7	5	6	4	3	9	1	2	8
1	4	2	5	8	6	9	7	3
6	7	9	8	2	3	5	1	4
5	2	1	7	9	4	8	3	6
4	8	3	6	1	5	2	9	7
8	3	4	1	6	2	7	5	9
9	1	7	3	5	8	4	6	2
2	6	5	9	4	7	3	8	1

Medium Puzzle Solution #23

3	5	9	6	2	8	4	7	1
7	4	8	1	9	5	3	2	6
2	1	6	7	4	3	9	8	5
5	6	2	9	7	1	8	4	3
4	8	3	5	6	2	1	9	7
1	9	7	8	3	4	6	5	2
9	3	5	2	8	6	7	1	4
8	2	4	3	1	7	5	6	9
6	7	1	4	5	9	2	3	8

Medium Puzzle Solution #24

7	9	3	5	2	6	1	4	8
1	4	5	3	9	8	6	2	7
6	2	8	1	7	4	3	9	5
9	5	1	6	8	3	4	7	2
2	8	7	4	1	9	5	3	6
4	3	6	7	5	2	8	1	9
3	6	2	8	4	7	9	5	1
8	1	9	2	3	5	7	6	4
5	7	4	9	6	1	2	8	3

Medium Puzzle Solution #25

9	7	2	4	8	3	5	6	1
3	6	4	2	1	5	7	9	8
1	5	8	6	7	9	4	3	2
6	4	3	5	2	7	1	8	9
8	1	5	3	9	4	2	7	6
7	2	9	8	6	1	3	5	4
5	3	6	9	4	2	8	1	7
4	8	1	7	3	6	9	2	5
2	9	7	1	5	8	6	4	3

Medium Puzzle Solution #26

1	6	9	3	2	4	7	8	5
8	7	4	9	5	6	3	1	2
3	5	2	8	7	1	6	4	9
6	9	5	1	8	2	4	3	7
4	8	3	5	6	7	2	9	1
7	2	1	4	9	3	5	6	8
5	1	6	7	3	9	8	2	4
9	3	7	2	4	8	1	5	6
2	4	8	6	1	5	9	7	3

Hard Puzzle #1

7	5	8		9		2		6
				7				5
		1		3			8	9
		9		4	5		7	
	7							
		2				4		
5			7			3	2	
	9		2	8				
8			4		3			

Solution on Page 148

Hard Puzzle #2

		3	4				8	
			5		6	3		
	4	9	7				5	
	9			2	7		3	
3		5						2
	2	1		5	9	6		
		2	9		8			
1			6					
	6							3

Solution on Page 148

Hard Puzzle #3

					7		6	5
	6		1				2	
					2	4	8	
					5		7	
8						5		3
9				8	3			1
4					1			2
3		1		6			5	8
			5					

Solution on Page 149

Hard Puzzle #4

7	4	6			3			1
							6	
	1		5		7			
		3	1	7				8
		9		3				
5		1	9				3	7
		4		5		3		
	5						8	2
						6		

Solution on Page 149

Hard Puzzle #5

9	6			5		7	3	4
3	7			6				
	8		2	3			6	9
		7	5		3	9		8
8		3	6	7	9	5		1
	9	5		8	2	3		
		6	8	2	1			
	5		7	9		2		
2	1		3	4		6		

Solution on Page 150

Hard Puzzle #6

		5		6		4		
2				3	5		6	
6				8			7	5
	1		8		3		4	6
			6		7			9
	4	2			8			1
1							8	
	9			7				3

Solution on Page 150

Hard Puzzle #7

	1		5	4			9	2
2		5	8				4	
	6				7			
8	2				9	7	5	3
								8
			6				1	
	4		3		8			
			9					
		9	2	5	4		7	

Solution on Page 151

Hard Puzzle #8

8			7		6	9	2	
2	4	3	5					
			2	8		1	5	
	2			7	5			
		4			3		9	
3		8	4		1	2		
5	3			4	7	8	6	
								2
	8	1	9		2	3		

Solution on Page 151

Hard Puzzle #9

		7	3					
5				9	7			1
2	4						9	
	9							
		2			4	7		
3				8		1		4
	1		8					
			6			5	4	
		6			9			

Solution on Page 152

Hard Puzzle #10

7		2	3	6	5		8	
	3	4				5		
		5	7				3	
	7		2		3			
2				5				4
9	5	6		8			7	
				7				
		1	8	3			6	
				2	1			

Solution on Page 152

Hard Puzzle #11

		2		8		4	7	
	8	1	9			6		
	6	9		3		8	5	
				2	3			8
8				4			2	
	2		8		6			7
				7				5
3		5	2			7		6
			1		5		8	

Solution on Page 153

Hard Puzzle #12

		2		1	8	9	5	
3						8		
				5				
9		8		7		4		5
	3		1		2			8
			4			1		3
6			8					7
	5		9			6		
				4		3		

Solution on Page 153

Hard Puzzle #13

3								7
	2			4	7			
		9				2	1	
			5	9			6	2
						9		
5				2				4
	1			3	5			6
9			2	7		3	8	
	5	3						

Solution on Page 154

Hard Puzzle #14

	3			6	2			
7		5					8	2
	8			5	7	1		
	1			7		5		
					4	6		7
3		7						4
1						2		
		3		1			4	
			5	3	6			

Solution on Page 154

Hard Puzzle #15

8		6	7		9			
	1			8		3		7
					5			
					1	2	7	5
4								8
	7			9		4	6	
3	4		8			1		2
				3				
1					7			

Solution on Page 155

Hard Puzzle #16

		1				2		5
3		7		5		6		4
		5	2				7	
		6	1	7	2			
	8							
						5		2
9					3			
6		2		9				
	1				8	4	2	

Solution on Page 155

Hard Puzzle #17

		3			5		6	
	2							
	8	5			6			9
	3	4		9		7		
		9		7			2	
5								1
			3				9	
		8	7	2				5
6		2						3

Solution on Page 156

Hard Puzzle #18

3	9		7	2	8	6		
		8	3					
	5	4	9		1	3		
			8				1	
				5	2	7		
		2						
	2			7				1
1					9			
	4			3		2	7	

Solution on Page 156

Hard Puzzle #19

8	2	6	5			1		
	5	7		2				
					8			2
	8			7				3
					5			6
6		1	8				5	
7		5	3				4	
	1		9				6	
9		3			6			

Solution on Page 157

Hard Puzzle #20

			4	5		6		
			9					4
	3	6			8	9		2
						3		
		9		4				5
	7	4		6	3			
5				1		2		6
	1							
			8				9	

Solution on Page 157

Hard Puzzle #21

7	8				3		5	
				4			9	
9		5					6	
	4		8		1			
		1					4	8
	5					6		
					8			
5	3		6				8	
	6		5	1			2	

Solution on Page 158

Hard Puzzle #22

	8							3
	2					9	5	
		7						1
	6				3	7	1	
	3		2	8	7	6		
8	7							
4	1	8						5
		6		5				
	5		4		1	3		

Solution on Page 158

Hard Puzzle #23

								2
			7		2	8	9	3
8					1	4		6
	5	9	1		6		2	
	3		8					5
7				2		1		
3					8			4
1				3	9			
			6					

Solution on Page 159

Hard Puzzle #24

7		6		4		9	1	
						7		
	9	2						
					7			
			2	8	6	1	4	
	6			3				
3	7			6	4		5	1
	2							7
	8		1					3

Solution on Page 159

Hard Puzzle #25

	8	7	9			4		1
	1				3	6		
		4	1					3
			6			7		
	6		3		4	8		9
				3	2			8
	4							
			4	8		1	3	

Solution on Page 160

Hard Puzzle #26

						7		
	1	6						8
	3	4				1		
		5			2	8		1
			5	3	1			
	6		9			3		4
	2			7			1	5
4			6	1			9	
				5	9			

Solution on Page 160

Hard Puzzle Solutions

Hard Puzzle Solution #1

7	5	8	1	9	4	2	3	6
9	6	3	8	7	2	1	4	5
2	4	1	5	3	6	7	8	9
1	3	9	6	4	5	8	7	2
4	7	5	3	2	8	6	9	1
6	8	2	9	1	7	4	5	3
5	1	4	7	6	9	3	2	8
3	9	7	2	8	1	5	6	4
8	2	6	4	5	3	9	1	7

Hard Puzzle Solution #2

6	5	3	4	9	2	7	8	1
2	1	7	5	8	6	3	9	4
8	4	9	7	3	1	2	5	6
4	9	6	8	2	7	1	3	5
3	8	5	1	6	4	9	7	2
7	2	1	3	5	9	6	4	8
5	3	2	9	1	8	4	6	7
1	7	8	6	4	3	5	2	9
9	6	4	2	7	5	8	1	3

Hard Puzzle Solution #3

2	4	8	3	9	7	1	6	5
5	6	9	1	4	8	3	2	7
7	1	3	6	5	2	4	8	9
1	3	4	9	2	5	8	7	6
8	2	7	4	1	6	5	9	3
9	5	6	7	8	3	2	4	1
4	9	5	8	7	1	6	3	2
3	7	1	2	6	4	9	5	8
6	8	2	5	3	9	7	1	4

Hard Puzzle Solution #4

7	4	6	2	9	3	8	5	1
2	9	5	8	1	4	7	6	3
3	1	8	5	6	7	9	2	4
4	2	3	1	7	6	5	9	8
8	7	9	4	3	5	2	1	6
5	6	1	9	2	8	4	3	7
1	8	4	6	5	2	3	7	9
6	5	7	3	4	9	1	8	2
9	3	2	7	8	1	6	4	5

Hard Puzzle Solution #5

9	6	2	1	5	8	7	3	4
3	7	1	9	6	4	8	5	2
5	8	4	2	3	7	1	6	9
6	2	7	5	1	3	9	4	8
8	4	3	6	7	9	5	2	1
1	9	5	4	8	2	3	7	6
7	3	6	8	2	1	4	9	5
4	5	8	7	9	6	2	1	3
2	1	9	3	4	5	6	8	7

Hard Puzzle Solution #6

9	8	5	7	6	1	4	3	2
2	7	1	4	3	5	9	6	8
6	3	4	2	8	9	1	7	5
5	1	7	8	9	3	2	4	6
4	2	8	6	1	7	3	5	9
3	6	9	5	4	2	8	1	7
7	4	2	3	5	8	6	9	1
1	5	3	9	2	6	7	8	4
8	9	6	1	7	4	5	2	3

Hard Puzzle Solution #7

7	1	8	5	4	3	6	9	2
2	3	5	8	9	6	1	4	7
9	6	4	1	2	7	8	3	5
8	2	6	4	1	9	7	5	3
4	9	1	7	3	5	2	6	8
5	7	3	6	8	2	9	1	4
1	4	7	3	6	8	5	2	9
3	5	2	9	7	1	4	8	6
6	8	9	2	5	4	3	7	1

Hard Puzzle Solution #8

8	1	5	7	3	6	9	2	4
2	4	3	5	1	9	6	8	7
6	9	7	2	8	4	1	5	3
9	2	6	8	7	5	4	3	1
1	7	4	6	2	3	5	9	8
3	5	8	4	9	1	2	7	6
5	3	2	1	4	7	8	6	9
4	6	9	3	5	8	7	1	2
7	8	1	9	6	2	3	4	5

Hard Puzzle Solution #9

9	6	7	3	4	1	8	5	2
5	3	8	2	9	7	4	6	1
2	4	1	5	6	8	3	9	7
1	9	4	7	3	2	6	8	5
6	8	2	1	5	4	7	3	9
3	7	5	9	8	6	1	2	4
4	1	3	8	2	5	9	7	6
7	2	9	6	1	3	5	4	8
8	5	6	4	7	9	2	1	3

Hard Puzzle Solution #10

7	9	2	3	6	5	4	8	1
6	3	4	9	1	8	5	2	7
1	8	5	7	4	2	6	3	9
4	7	8	2	9	3	1	5	6
2	1	3	6	5	7	8	9	4
9	5	6	1	8	4	2	7	3
8	2	9	4	7	6	3	1	5
5	4	1	8	3	9	7	6	2
3	6	7	5	2	1	9	4	8

Hard Puzzle Solution #11

5	3	2	6	8	1	4	7	9
4	8	1	9	5	7	6	3	2
7	6	9	4	3	2	8	5	1
1	7	4	5	2	3	9	6	8
8	5	6	7	4	9	1	2	3
9	2	3	8	1	6	5	4	7
6	1	8	3	7	4	2	9	5
3	4	5	2	9	8	7	1	6
2	9	7	1	6	5	3	8	4

Hard Puzzle Solution #12

7	6	2	3	1	8	9	5	4
3	4	5	2	6	9	8	7	1
1	8	9	7	5	4	2	3	6
9	1	8	6	7	3	4	2	5
5	3	4	1	9	2	7	6	8
2	7	6	4	8	5	1	9	3
6	9	3	8	2	1	5	4	7
4	5	1	9	3	7	6	8	2
8	2	7	5	4	6	3	1	9

Hard Puzzle Solution #13

3	8	5	9	1	2	6	4	7
6	2	1	8	4	7	5	3	9
4	7	9	3	5	6	2	1	8
8	3	7	5	9	4	1	6	2
1	4	2	7	6	8	9	5	3
5	9	6	1	2	3	8	7	4
2	1	8	4	3	5	7	9	6
9	6	4	2	7	1	3	8	5
7	5	3	6	8	9	4	2	1

Hard Puzzle Solution #14

9	3	1	8	6	2	4	7	5
7	6	5	4	9	1	3	8	2
4	8	2	3	5	7	1	6	9
6	1	4	9	7	3	5	2	8
8	5	9	1	2	4	6	3	7
3	2	7	6	8	5	9	1	4
1	9	6	7	4	8	2	5	3
5	7	3	2	1	9	8	4	6
2	4	8	5	3	6	7	9	1

Hard Puzzle Solution #15

8	3	6	7	2	9	5	4	1
5	1	9	6	8	4	3	2	7
7	2	4	3	1	5	6	8	9
9	8	3	4	6	1	2	7	5
4	6	5	2	7	3	9	1	8
2	7	1	5	9	8	4	6	3
3	4	7	8	5	6	1	9	2
6	9	8	1	3	2	7	5	4
1	5	2	9	4	7	8	3	6

Hard Puzzle Solution #16

8	6	1	3	4	7	2	9	5
3	2	7	8	5	9	6	1	4
4	9	5	2	1	6	8	7	3
5	3	6	1	7	2	9	4	8
2	8	4	9	3	5	7	6	1
1	7	9	6	8	4	5	3	2
9	4	8	7	2	3	1	5	6
6	5	2	4	9	1	3	8	7
7	1	3	5	6	8	4	2	9

Hard Puzzle Solution #17

7	4	3	9	8	5	1	6	2
9	2	6	4	1	7	3	5	8
1	8	5	2	3	6	4	7	9
2	3	4	5	9	1	7	8	6
8	1	9	6	7	3	5	2	4
5	6	7	8	4	2	9	3	1
4	5	1	3	6	8	2	9	7
3	9	8	7	2	4	6	1	5
6	7	2	1	5	9	8	4	3

Hard Puzzle Solution #18

3	9	1	7	2	8	6	4	5
2	6	8	3	4	5	1	9	7
7	5	4	9	6	1	3	2	8
5	7	6	8	9	3	4	1	2
9	1	3	4	5	2	7	8	6
4	8	2	6	1	7	9	5	3
6	2	9	5	7	4	8	3	1
1	3	7	2	8	9	5	6	4
8	4	5	1	3	6	2	7	9

Hard Puzzle Solution #19

8	2	6	5	9	3	1	7	4
3	5	7	4	2	1	6	9	8
1	9	4	7	6	8	5	3	2
5	8	2	6	7	9	4	1	3
4	3	9	2	1	5	7	8	6
6	7	1	8	3	4	2	5	9
7	6	5	3	8	2	9	4	1
2	1	8	9	4	7	3	6	5
9	4	3	1	5	6	8	2	7

Hard Puzzle Solution #20

9	8	7	4	5	2	6	1	3
2	5	1	9	3	6	7	8	4
4	3	6	1	7	8	9	5	2
1	6	5	2	8	9	3	4	7
3	2	9	7	4	1	8	6	5
8	7	4	5	6	3	1	2	9
5	9	8	3	1	4	2	7	6
7	1	2	6	9	5	4	3	8
6	4	3	8	2	7	5	9	1

Hard Puzzle Solution #21

7	8	4	9	6	3	2	5	1
6	2	3	1	4	5	8	9	7
9	1	5	7	8	2	4	6	3
2	4	6	8	9	1	7	3	5
3	7	1	2	5	6	9	4	8
8	5	9	3	7	4	6	1	2
1	9	2	4	3	8	5	7	6
5	3	7	6	2	9	1	8	4
4	6	8	5	1	7	3	2	9

Hard Puzzle Solution #22

9	8	5	1	2	6	4	7	3
1	2	3	7	4	8	9	5	6
6	4	7	9	3	5	8	2	1
2	6	4	5	9	3	7	1	8
5	3	1	2	8	7	6	9	4
8	7	9	6	1	4	5	3	2
4	1	8	3	7	9	2	6	5
3	9	6	8	5	2	1	4	7
7	5	2	4	6	1	3	8	9

Hard Puzzle Solution #23

6	9	7	4	8	3	5	1	2
5	1	4	7	6	2	8	9	3
8	2	3	9	5	1	4	7	6
4	5	9	1	7	6	3	2	8
2	3	1	8	9	4	7	6	5
7	6	8	3	2	5	1	4	9
3	7	6	2	1	8	9	5	4
1	4	2	5	3	9	6	8	7
9	8	5	6	4	7	2	3	1

Hard Puzzle Solution #24

7	5	6	3	4	8	9	1	2
1	4	3	6	2	9	7	8	5
8	9	2	7	1	5	6	3	4
9	1	8	4	5	7	3	2	6
5	3	7	2	8	6	1	4	9
2	6	4	9	3	1	5	7	8
3	7	9	8	6	4	2	5	1
4	2	1	5	9	3	8	6	7
6	8	5	1	7	2	4	9	3

Hard Puzzle Solution #25

4	2	6	8	1	7	3	9	5
3	8	7	9	5	6	4	2	1
5	1	9	2	4	3	6	8	7
7	5	4	1	9	8	2	6	3
9	3	8	6	2	5	7	1	4
1	6	2	3	7	4	8	5	9
6	9	1	7	3	2	5	4	8
8	4	3	5	6	1	9	7	2
2	7	5	4	8	9	1	3	6

Hard Puzzle Solution #26

5	8	9	1	4	6	7	3	2
2	1	6	7	9	3	5	4	8
7	3	4	8	2	5	1	6	9
3	9	5	4	6	2	8	7	1
8	4	7	5	3	1	9	2	6
1	6	2	9	8	7	3	5	4
9	2	8	3	7	4	6	1	5
4	5	3	6	1	8	2	9	7
6	7	1	2	5	9	4	8	3

Thank you for purchasing my Sudoku book!

I hope you have enjoyed this book and that everything was great! If there are any comments or concerns, feel free to leave a review as they will help me provide future books tailored entirely to your needs!

www.ingramcontent.com/pod-product-compliance
Lightning Source LLC
Chambersburg PA
CBHW080544220526
45466CB00010B/3027

* 9 7 9 8 5 6 0 6 8 7 2 7 4 *